Energía Solar FV Fuera de Red:

Cómo Construir Sistemas de Energía Solar FV para Sistemas de Potencias Aislados de Iluminación LED, Cámaras, Electrónica, Comunicación y Viviendas en Sitios Remotos

por Christopher Kinkaid

Spanish Translation:

por Dr. Lisandro C. Vazquez Hernandez

http://www.solardyne.com

Solardyne.com

Published by Solardyne, LLC
Portland, Oregon

ISBN-13: 978-1500550424
ISBN-10: 1500550426

Índice

Prefacio

La Energía Solar es formidable. Los Sistemas Eléctricos de Potencia Solar basados en paneles FV hacen que los suministros de Potencia sean efectivos para sus necesidades de electricidad fuera de la red. El Sol distribuye más de 1,000 Watt pico por metro cuadrado, y es el suministro natural de Potencia para la vida en la Tierra. Además, El Sol puede ser vuestro Suministro de Potencia.

El secreto industrial mejor guardado es que no necesitamos quemar combustibles fósiles para garantizar potencia industrial. Los paneles solares, verdaderas herramientas del siglo XXI, pueden aportar una producción de energía díaria que se puede utilizar directamente, o ser almacenada para un uso posterior sobre la demanda, para energizar in situ vuestras cargas eléctricas remotas, sin polución y sin costo de combustibles.

Este Book está escrito cómo un recurso útil para la construcción de vuestro propi sistema de suministro de Potencia Solar FV para Cámaras, sistemas de iluminación LED, de Comunicación, para Sensores, y Cabinas, todos remotos, así como para sistemas de suministro de Potencia Doméstica en sitios remotos, con ejemplos de sistemas de Potencia Solar FV.

El recurso de la Energía Solar varía con la hora del día, la estación y el clima local. Los paneles Solares FV, apropiadamente dimensionados, aportan una producción de energía fiable y predecible, a pesar de las variaciones diarias, cuando la calculamos adecuadamente para cada mes.

Introdúzcase en los Paneles FV para cargar bancos de baterías con corriente CC fiable, y, con inversores, Potencia CA sobre demanda. Los suministros de potencia para sitios remotos, diseñados e instalados adecuadamente, ofrecen una potencia real para hacer funcionar una serie de equipamiento electrónico, motor y una larga lista de dispositivos.

Utilice este Book para imbricar la Carga de Energía con la Producción de Energía dimensionada para coincidir vuestras cargas eléctricas de Potencia Solar FV para sitios remotos. Los ejemplos de sistemas están en el rango desde 30 Watt de suministro de Potencia Solar FV para cámaras, electrónica, sensores, hasta 4,000 Watt para Sistemas de Potencia Doméstica.

Acerca del Libro

Este Book está escrito en forma de guía paso a paso para definir la "estadística vital" de vuestros proyectos de potencia solar, y seleccionar el equipamiento correcto para que el trabajo para el que se ha diseñado se realice. Si Usted tiene en mente un proyecto específico de energía solar PV, visite la Lista de Ejemplos de Sistemas de Energía Solar FV localizada en la Guía Rápida del Capítulo Nueve.

La **Guía Ràpida** contiene vínculos tecleables que lo conducen a Sistemas de Potencia Solar FV específicos. Los ejemplos de Sistemas suministrados en la Guía tiene también una Lista de Partes, de modo que usted puede configurar vuestros propios sistemas, o casar vuestra carga eléctrica con el ejemplo de sistema más cercano de los incluidos en este Book, desde sistemas de 30 Watt hasta los de 4,000 Watt.

El Capítulo 1 cubre el tema del Recurso Energético Solar, y el "Panorama General" Acerca del mismo, para definir la mejor forma de poner a trabajar la energía Solar FV. En el **Capítulo 2** se describe el proceso Paso a Paso para definir vuestro sistema de energización de sus cargas. Desde Cámaras, Electrónica, Bombeo y Tratamiento de Agua, sobre demanda, hasta sistemas de Potencia de Viviendas Remotas, la Potencia Solar FV como Suministro de Potencia.

El Capítulo 3 discute los aspectos y salidas relativos a los Paneles Solares FV. Las Dimensiones, las Tasas de Potencia y de Energía, opciones de Montaje, Hora Pico Solar.

En el Capítulo 4 se analizan y se listan los Sistemas de Potencia Solar FV desde 30 Watt hasta 120 Watt. Los Sistemas incluyen Controlador de Carga, Baterías, Equipamiento de Montaje, e Inversores para su carga CA. Se incluyen Ejemplos de Sistemas.

El Capítulo 5 abarca los Sistemas de Potencia Solar FV desde 135 hasta 360 Watt. Populares cómo Suministros de Potencia para Iluminación LED, señalización LED, Tratamiento de Agua, Cámaras, Sensores, Plataformas de Comunicación y Cabinas Remotas. Se incluyen Ejemplos de Sistemas.

El Capítulo 6 examina los Sistemas de Potencia Solar FV desde 500 Watt hasta 1,500 Watt. Arreglos solares, acondicionamiento de potencia, Bancos de Baterías, Cubiertas de Baterías, Inversores.

En el Capítulo 7 se observan los Sistemas de Potencia Solar FV desde 2,000 Watt hasta los 4,000 Watt. Voltajes de Bancos de Baterías, Paneles de Potencia, acondicionamiento de Potencia, Fusibles, Desconexiones de Seguridad, Aterramiento.

El Capítulo 8 incluye una Guía Ràpida de Sistemas de Potencia Solar FV para referenciar los Ejemplos de Potencia de los Sistemas Solares, y los Ratios de Energía.

Sobre el Autor

Christopher Kinkaid

Christopher (Toby) Kinkaid, originario de Portland, Oregón, es el fundador de **Solardyne.com**, **SolarQuote.com**, y de **AlgaeToday.com**, y ha trabajado en tecnologías de energías limpias por más de tres décadas. Kinkaid, es el inventor del Generador Eólico de Eje Vertical "Helyx", el modulo solar FV concentrador "Mariposa Non-imaging" (operación continua en el Laboratorio Nacional de Sandia desde 1994), las lentes ópticas de concentración solar Demultiplexer (Dr. James/Sandia National Laboratory 1991), y es el inventor de un original paquete de energía solar "Solar Power Pack" (Mother Earth News, "Littlest Utility" Junio/Julio, 2001).

Asímismo, Kinkaid, ha sido un conferencista oficial y presentador de tecnologías de energías limpias en diversos eventos alrededor del mundo incluyendo "APEC", Bangkok, Tailandia, 2003, "Energy Solutions

World", Tokio, Japón, 2003, la Conferencia Internacional de Biomasa (IBC), 2010, Minneapolis, MN, y la Conferencia de la Organización de Biomasa Algal (ABO), 2010, Phoenix, AZ.

Christopher (Toby) Kinkaid, ha aparecido en interviews y entrevistas en KOIN TV, KGW TV, y en "Sustainable Today" producido en Oregón, y ha servido en el comité de directores para la Asociación Nacional del Hidrógeno de USA, en Washington D.C., 1993, la Compañía Japonesa de Comunicación por Satélite (JCNET), Fukuoka, Japón, 1994-95, y en Algaedyne Corporation, Preston, MN, 2010-2013.

Kinkaid, actualmente sirve como CEO de Solardyne, LLC en Portland, Oregón, donde continúa su trabajo como especialista en aplicaciones, desarrollo e investigaciones de Tecnologías Solares, Eólicas y de Biomasa.

Introducción

Los sistemas de Potencia Solar FV son una elección efectiva para suministro de potencia en sitios remotos. Los dispositivos electrónicos requieren de una fuente energética fiable y de un sistema robusto en localidades remotas y en sitios con condiciones climáticas extremas tales como altas altitudes, trópicos y desiertos.

Energice su electrónica, cámaras, sensores remotos, sistemas de bombeo y tratamiento de agua, cabinas y potencia doméstica, con el rango de las Muestras de sistemas de Potencia Solar FV incluidas en este Book. Se incluyen ejemplos de sistemas desde 30 Watt hasta 4,000 Watts.

Los paneles Solares Fotovoltaicos (FV) convierten la energía solar en electricidad de "moneda dura" para trabajar. Cargue Baterías para Potencia sobre demanda 24/7. Si vuestro sitio es remoto, los sistemas de Potencia Solar FV son una vía costo-efectiva para producir energía in situ, y le suministra independencia, sin toxicidad y sin costos de combustible.

Los generadores de Combustibles Fósiles son ruidosos, polucionan y siempre con costos de combustible crecientes. En localidades remotas la transportación de combustibles a menudo excede el costo del propio combustible. Los sistemas de Potencia Solar PV son ya maduros, con varias décadas, y el estado del arte de los paneles FV los hace hoy robustos, fiables, y sin partes móviles, de larga vida útil. Muchos paneles Solares FV ofrecen una prestación de 25 años de garantía.

Usando baterías Libres de Mantenimiento y Selladas, los sistemas de Potencia FV aislados pueden ser dimensionados apropiadamente para energizar vuestra carga fiablemente con el más bajo costo.

Los siguientes Capítulos están escritos para tomarle a usted desde una discusión general hasta los Sistemas de Potencia Solar FV específicos, o adaptarlos a vuestros requerimientos.

Para Calcular el mejor Sistema de Potencia Solar FV para su sitio remoto, trabaje el problema "hacia atrás." Comience con la Demanda de Energía de su sitio, y empareje lo con la Producción de Energía de un Sistema de Potencia Solar FV.

Este Book está escrito como un recurso para determinar el mejor Dimensionado y Equipamiento para energizar su carga remota con fiabilidad, sin polución y sin costos de combustible.

Capítulo Uno – Energía Solar. Panorama General

La Potencia Solar es una fuerza de la Naturaleza, que entrega más de 1,000 Watt pico, por metro cuadrado. Está energía puede ser convertida con gran eficiencia, usando paneles fotovoltaicos (FV), en electricidad para ser utilizada directamente o para almacenarla en baterías para tener Potencia sobre demanda.

En este Book, vamos a desentrañar las cuestiones que usted necesita para definir los requerimientos de su sistema. Entonces, haciendo coincidir esos requerimientos con el tipo y especificaciones del sistema de Suministro de Potencia Solar Fuera de Red más apropiado, que permita realizar el trabajo.

La Potencia del Sol es enorme, y puede ser fácilmente alcanzada para energizar vuestra electrónica. Energice vuestras cámaras, sensores y Sistemas de Iluminación LED remotos, así como las viviendas remotas usando paneles Fotovoltaicos (FV) para dar Potencia a su sistema de inicio a fin.

El recurso Solar:

La Luz solar natural contiene muchas longitudes de onda (colores) de luz, que puede ser usada separadamente para Diferentes propósitos. Las longitudes de onda cortas presentes en la energía solar, cómo la Ultra-violeta (UV), son ideales para la esterilización de agua y su tratamiento. Los fotones de la luz UV corta tienen gran energía, y son capaces de causar reacciones fotoquímicas.

Las longitudes de onda del espectro visible, desde el Violeta, pasando por el Índigo, Azul, Verde, Amarillo, Naranja, y hasta el Rojo, tomando progresivamente longitudes de onda más largas, son excelentes para la producción de electricidad Solar Fotovoltaica (FV).

Las longitudes de onda Más Largas presentes en el espectro solar, las Infrarrojas (IR) son ideales para aplicaciones térmicas, tales como Calentamiento de Aire o de Agua. Sin embargo para los convertidores de potencia Fotovoltaica (FV), las longitudes de onda dependen del material Fotovoltaico.

Las Plantas, en la Fotosíntesis (la fuete de Oxígeno de la Tierra, y de la Cadena de Nutrición de Alimentos Básicos) usan longitudes de onda selectas en el espectro Visible desde 400 hasta 700 nm. La Fotovoltaica usa todas las longitudes de onda de la Luz Solar, la cual contiene Energía Mayor Que el "Ancho de banda" del material de las células para la producción de electricidad.

La "Energía" de un fotón se "Incrementa" a medida que decrece la longitud de onda (Efecto Fotoeléctrico de Einstein, 1905). Los fotones de longitudes de onda largas, como los Rojos y los IR, poseen menos energía, respectivamente.

Muchos paneles solares FV están hechos de silicio. Los paneles Solares FV de Silicio tienen un "Ancho de banda" de 1.1 electrón-voltios (eV). Esto significa que el Sílicio, cómo material, responde a longitudes de onda de luz de 1,100 nm, (Red) y "más cortas" para producir electricidad. Las longitudes de onda Infra Roja (IR) de la Luz Solar son mayores de 1,100 nm y son longitudes de onda muy débiles para producir electrones (electricidad).

Las celdas solares FV de silicio en tiempos anteriores fueron llamadas celdas rojas porque a partir de esas longitudes de onda es que comenzaban a generar electricidad.

Otros materiales FV, tales como el Arseniuro de Galio (GaAs) tienen un "Ancho de banda" mucho más alto que el Silicio. El GaAs tiene un ancho de banda de cerca de 1.45 eV. Las celdas o células solares basadas en el GaAs son denominadas "celdas azules" porque convierten longitudes de onda más corta que están presentes en la luz solar.

Nota: La luz Roja no tiene suficiente energía a 1.1 eV para producir electricidad alguna en celdas solares de GaAs. Sólo los fotones con "Energía" por encima del "Ancho de banda" del material pueden producir electricidad en una celda solar.

Los paneles de Electricidad Solar (FV) tiene rendimientos muy marcados. Los paneles FV producen más luz en electricidad, producen cantidades impresionantes de Potencia que usted puede palpar. Los Paneles Solares F pueden producir cerca de 140 Watt pico por metro cuadrado.

Usando Energía Solar para Trabajar:

Este Book usa ejemplos de energía solar para producir electricidad. La electricidad solarse utiliza para cargar un sistema de baterías. La batería con carga solar puede potenciar un inversor, para así suministrar CA estándar que al funcionar abastece las cargas de CA, tales como la Potencia Doméstica.

Los Sistemas de Potencia Solar FV contienen "Tres" elementos básicos. Entrada de Energía, Almacenamiento de Energía y Salida de Energía.

La Entrada de Energía incluirá los paneles Solares FV, Sistema de Seguimiento, Preparación del Sitio, Ensamblaje del Sistema y Cableado. Energy - In, will include your Solar PV panels, Racking Hardware, Site Preparation, System Assembly, and Wiring.

El Almacenamiento de Energía está referido al Controlador de Carga, Sistema de Baterías, Fusibles y Desconectores de Seguridad.

La Salida de Energía determina la forma de salida o entrega de energía que usted necesita para energizar vuestras Carga Eléctrica CC, o CA, por ejemplo, monofásica 120 VCA a 60 Hz (Voltaje Americano), y para hacer funcionar Electrónica de CA se requiere un Inversor.

El uso de la Energía Solar para potenciar electrónica, el próximo Capítulo, discute paso a Paso el procedimiento para el diseño y dimensionado de vuestro Sistema de potencia Solar FV.

Capítulo Dos – Definiendo Paso a Paso El Mejor Sistema de Potencia Solar para su Trabajo.

El suministro de Potencia Solar es muy útil en localidades remotas, o donde la electricidad no está disponible para potenciar su carga eléctrica. Este Book cubre los sistemas de Potencia Solar FV aislados, no conectados a red, que suministran potencia a mucha electrónica, y otros requerimientos de suministro de Potencia en sitios remotos.

Cámaras, Electrónica, Sensores, GPS, sensores científicos, iluminación LED, bombeo y tratamiento UV de agua, Comunicaciones y Viviendas No Conectadas a la Red son cargas de electricidad que pueden ser suministradas con plantas de potencia a partir de los sistemas de Energía Solar FV.

Los siguientes pasos definen vuestro sistema, para seleccionar el suministro de potencia Solar FV correcto.

Paso Uno: ¿Puede mi carga ser potenciadas directamente con el Sol, o necesito un banco de baterías para dar potencia sobre demanda?

Si vuestro proyecto es de bombeo de agua, por ejemplo, su sistema puede ser suministrado directamente con paneles solares FV, a través el controlador de bomba, y usted no necesita de ninguna batería.

Si vuestro proyecto requiere de "potencia controlada," tales como un sistema de luces de señalización o de emergencia, cámaras, sensores, o Potencia Doméstica, entonces usted necesita de baterías.

Los sistemas, incluyendo los que aparecen más abajo como ejemplos, todos usarán Baterías ya que la aplicación más común para sitios remotos es la potencia de cargas sobre demanda 24 horas al día.

Si su "carga eléctrica" necesita Potencia "sobre demanda", entonces usted necesitará Baterías en su sistema Solar FV.

Paso Dos: "¿Es mi carga eléctrica CD o electricidad CA?"

Las cargas eléctricas pueden ser Corriente Directa o Continua (CD ó CC) y Corriente Alterna (CA). Su carga eléctrica puede ser una cámara, luces LED, o cualquier electrónica, las cuales están diseñadas para CD. (El Enchufe de la Potencia suministra la conversión de CA de la red en CD.

Si su carga es CD, iguale el Voltaje CD de su dispositivo, con el Voltaje de la Batería, y haga funcionar su carga directamente dese las baterías. Los paneles Solares FV, para cargar las baterías, están "arreglados" para igualar el voltaje de las Baterías. Este es su Voltaje de Sistema CC, y es usualmente de 12, 24, o 48 VCD.

Nota: si el Voltaje del Dispositivo es menor de 12 VCC, tal como 4.5 VCC, entonces añada un convertidor CD a CD para disminuir el Voltaje entre la Batería y la carga.

Si su carga eléctrica requiere CA, cómo en los sistemas de Potencia Doméstica, o en motores y Bombas de CA, entonces conecte un Inversor al banco de baterías. Los sistemas listados abajo incluirán Opciones de CA para que usted pueda dimensionar el inversor adecuadamente para su carga. The systems listed below will include AC options so you can size your inverter properly for your load.

La corriente alterna (CA) viene en dos tipos de voltaje: Americano, y Europeo.

El Voltaje Americano Monofásico usa 120 VCA a 60 Hz, mientras que el Voltaje Europeo usa 220 VCA, a 50 Hz. Nota: Los sistemas Solares FV fuera de red para CD son lo mismo. El inversor que usted conecte "define" la salida CA. Para Voltaje Europeo y Corriente, debe designarse un Inversor de voltaje Europeo.

Los ejemplos de abajo están basados en Voltaje Americano, a menos que se especifique otra cosa.

Los Voltajes Americanos se dan en Tres Tipos: Monofásicos, de Dos (2) Fases (Dos monofásicos divididos) y de Tres (3) Fases o Trifásico, cada uno con diferentes voltajes, respectivamente.

Su "carga eléctrica" va a determinar cuál de ellos es que usted necesita: Potencia Monofásica de 120/240 VCA 60 Hz, o de 2 fases 208/240 (2 Fases separadas y Tierra), o de 3 Fases 240/440.

Los Sistemas de Potencia Solar FV con Batería pueden soportar todos los Tipos de Inversores.

La electricidad CA viaja cómo una onda senoidal. Los formatos de 2 Fases (Dos Monofásicas separadas), y formatos de 3 Fases tiene múltiples Ondas Senoidales ("patas") transmitidas simultáneamente, en diferentes fases. La transmisión de potencia Multifase C\ (La Polifásica fue inventada por Tesla), empuja cada una de esas "patas" en diferente fase

Por Ejemplo, una transmisión de Potencia de 3 Fases, tienen tres "patas," cada una defasada 120 grados respecto a la otra. La relación entre las "patas" es llamada Factor de Potencia.

Los Inversores Modernos han avanzado en los protocolos de "Acondicionamiento de Potencia." Los cuales suministran salidas limpias y estacionarias de "ondas senoidales" manteniendo a su electrónica segura y potente.

Paso Tres: ¿Qué es la "Potencia requerida" por mi carga eléctrica?

Las cargas eléctricas, de iluminación LED, luces de seguridad, sensores, energización de viviendas, pueden estar todas definidas por una demanda de Potencia, o "Tasa de Potencia." La potencia requerida" es el diseño de su dispositivo, o los dispositivos, conectados a la batería cuando están en "caliente." Típicamente, si todo estuviese en funcionamiento, sería la Potencia total de diseño?

Para conocer su Potencia de diseño, sume todas las potencias individuales de todos los dispositivos que serán potenciados o energizados por el sistema. Si usted está potenciando diez luces de señales LED de alta Potencia separadas, con un diseño de 30

Watt por luz para cada una, la potencia total de diseño será de 300 Watt.

Para calcular la demanda de "Potencia" de su proyecto, liste todas las aplicaciones y las cargas eléctricas que usted va a potenciar. Por ejemplo, si su cabina remota tiene un Microondas, un TV, Luces y Radio, liste entonces cada aplicación en columna.

Paso Cuatro: ¿Qué es la "Energía requerida" por mi carga eléctrica?

La Energía es la medida de la Potencia por el Tiempo. Si su carga de Potencia es de 1,000 Watt (1 kW), entonces para una hora, se requiere Un kilowatt-hora de Energía. Un kWh de Energía aporta la Potencia de 1,000 Watt continuamente durante un Tiempo de una hora.

Para calcular la Energía que su sistema de Energía Solar FV necesita generar Multiplique cada componente o carga individual de su Demanda de Potencia Total por las Horas al día que cada carga funciona y al final sume todos los productos.

Paso Cinco: ¿Cuánta Energía Solar tengo en mi Sitio?

El Sol es una fuente de Energía muy potente.

En términos de Potencia real, el sol está evaluado para Condiciones Estándares de Prueba (En inglés: Standard Test Conditions, o STC).

Las STC definen la "densidad de potencia" pico de Energía solar en la superficie de la Tierra a 1,000 Watt de potencia por Metro Cuadrado (cerca de 10,5 pies cuadrados). Nota: Las STC también definen la cantidad de masa de aire de la trayectoria del Sol atraviesa (1.5 AMO a un ángulo de 45 grados), temperatura estándar de 25 grados C. (77 grados F.). Una velocidad del viento de 2 metros/segundo define mejor las STC para pruebas y evaluación dela tasa de potencia de los paneles solares FV.

Para determinar cuanta Energía Solar usted tiene en su localidad, mire las Horas-Pico de Sol para su localidad en el Mapa Solar. En nuestro ejemplo aquí estamos usando la localidad de Kansas, con 5.5 Horas Pico del Sol. Observe su tasa de Horas-Pico de Sol para su localidad.

El recurso energético solar produce en las condiciones pico durante un día de cielo claro, 1 Kilowatt (1,000 Watt) de potencia óptica. Los módulos eléctricos solares (Paneles Fotovoltaicos (FV) convierten esta energía óptica en Corriente Directa Solar (CD) con buena eficiencia entregando cerca de 140 Watt de electricidad por metro cuadrado. Los paneles Solares FV están cableados para producir el voltaje deseado.

Cada "Celda" solar produce cerca de 1/2 Voltio de CD por sí misma. Sorprendentemente, aún en condiciones de clima nuboso, las celdas solares producen Buenos voltajes. La cantidad de energía solar manejará la cantidad de "Corriente" que la celda produce.

Mientras más sol directo llegue a la celda solar, más corriente producirá. Las celdas solares están todas interconectadas para producir los módulos Solares, que conectados en serie producen voltajes de trabajo para realizar su labor.

Un metro cuadrado de luz solar es una fuerza eléctrica potente. Los Paneles Solares FV a un 14% de eficiencia podrían producir 140 Watt, a 12 VCD en un m2. Un metro cuadrado de energía solar puede entregar más de 11 Amps de corriente. 1,000 Watt/m2 es una densidad de potencia respetable.

La Energía producida por su arreglo Solar FV será la Tasa de Potencia de los Paneles multiplicada por las Horas-Pico de Sol para su localidad. La potencian tasada por las Horas-Pico al día le dan a usted la Energía que se espera que su Panel FV o su arreglo Solar FV pueda entregar diariamente.

Paso Seis: ¿Cómo dimensionar su Sistema de potencia Solar FV?

Desde los capítulos siguientes, seleccione el mejor Sistema de potencia solar FV para su proyecto.

Haga coincidir su Demanda de Energía con la Producción de Energía para encontrar el mejor Sistema.

Si usted desea calcular su propio Diseño de Sistema, según las convenciones, siiga los siguientes Pasos:

Paso Uno: Liste todas las Cargas por Tasa de Potencia

Ejemplo:

TV - 50 Watts, Microondas - 300 Watts

Paso Dos: Liste las "Horas por Día" que su Carga funciona:

TV - 4 Horas
Microondas - 1 Hora

Multiplique "Potencia en Watt" por "Horas" para determinar la Energía en "Watt-horas"

TV - 50 Watts Por 4 Horas/día = 200 Watt-hora.
Microondas - 300 Watt Por 1 Hora/día = 300 Watt-hora.

Paso Tres: Sume Todas las "Energías por día" que ha calculado para encontrar el Total.

TV - 200 Watt-hora + Microondas -300 Watt-hora
Total = 500 Watt-hora por Día.

Paso Cuatro: Divida su "Energía por Día Total", entre la tasa de Horas-Pico **de su localidad.**

500 Watt-hora/5.5 Horas Pico de sol (en dependencia de la Localidad) = 90 Watt

Este cálculo dice que 90 Watt de paneles solares FV producirán como promedio, el equivalente 5.5 horas pico de operación, por día. Esto produce (90x5.5), o aproximadamente 500 Watt-hora de energía por día.

El comportamiento de los rendimientos indica que debemos derratear o disminuir este cálculo. La Teoría y la Práctica están directamente relacionadas, pero no son gemelas. Derratee sus paneles FV debido a las pérdidas a través de las baterías y el inversor en un 25%.

The 90 Watt solar PV panel, in this example, becomes 90 watts multiplied by 1.25 for an solar PV Panel rated at 112.5 watts. Since manufacturers, typically, don't make a 112.5 watt PV panel, round up to the next available size. In this example, a 120 Watt PV panel would be a good selection.

Nota: Incremente las dimensiones de su arreglo Solar FV y el de las baterías si está en una localidad con condiciones climatológicas extremas (por ejemplo cielo nuboso).

Paso Cinco: Calcule su Controlador de Carga y de Batería.

Trabajando "hacia atrás" desde su carga, en este Ejemplo, 500 Watt-hora por día, podemos dimensionar los otros equipos. Para calcular las dimensiones de su batería, seleccione primero el Voltaje del Sistema CD. En este ejemplo seleccionaremos 12 VCD.

Nota: A mayor Sistema Solar FV, mayor Voltaje de Sistema deberá ser.

Dividiendo la Energía entre el Voltaje CD de Sistema, (500 Watt-hora/12 VCD) llegamos a la Capacidad de Batería, aproximadamente 40 Amp-hora, en este ejemplo.

"Devalúe" el Sistema de Batería en un 15%, teniendo en cuenta la variación natural, entonces nuestra Capacidad de Batería (Tasa de Amp-hora) será de 40 Ah multiplicado por 1.15, lo cual nos da una tasa de 46 Ah.

Es posible que los fabricantes de baterías no las produzcan a 46Ah (a 12 VCD), por lo que debemos ir al próximo valor más cercano de las que se fabrican y están disponibles en el mercado. En este ejemplo, las baterías MK selladas y libres de Mantenimiento tasadas a 50 Amp-hora es la selección.

Los Controladores de Carga controlan el Sistema de carga de las Baterías.

Seleccione vuestro Controlador de Carga basado en el amperaje de entrada CD (que viene del panel solar FV), con su Voltaje de Sistema CD coincidiendo con su Voltaje de Baterías. En nuestro ejemplo, nuestro Voltaje de Sistema CD es 112 VCD. Nuestro Panel FV es de 120 Watt a 12 VCD. El Amperaje del panel Solar FV es de 10 Amps (120 Watt/12 VCD).

Por consiguiente, vuestro Controlador de Carga, en este ejemplo, deberá estar tasado a 12 Amp a 12 VCD.

Paso Seis: Seleccione su Inversor.

Si su "carga eléctrica" requiere CA, entonces usted necesitará un Inversor. Los inversores convierten su Voltaje CD de la Batería en salidas CA de Voltaje Monofásico, de Fase Dividida o Trifásico CA en dependencia de su elección. Vuestra Carga Eléctrica, de Nuevo, determina la electricidad CA que debemos proveer. Base la selección de su Inversor en la carga de potencia que usted está intentando hacer funcionar. En nuestro ejemplo, nuestras dos aplicaciones dan una demanda total de potencia de 350 watts (50 Watt más 300 Watt).

Elija vuestro inversor con dimensiones por encima de la Carga de Potencia que tenga que hacer funcionar. En este caso, seleccionaremos un inversor de 350 Watt a 500 Watt.

Los inversores también se seleccionan en base l Voltaje CD de Entrada. Los modelos de inversores especifican entradas de 12, 24, o 48 VDC. Seleccione su Voltaje de entrada CD del Inversor para emparejarlo con su Voltaje de Batería CD.

Los inversores CA son Monofásicos 120 VCA 60 Hz, a no ser que se especifique otra cosa.

Visite en la Guía Rápida del Capítulo Nueve la Lista de Muestras de Sistemas de Potencia solar FV.

Una vez que conozca esta estadística vital acerca de su proyecto de potencia solar FV, vuestro suministrador solar puede conocer cómo configurar vuestro sistema. Compare los ejemplos presentados en este Book con vuestras necesidades lo más cercanamente posible en cuanto a los requerimientos Energéticos. Si usted no ve listado en este Book un sistema lo suficientemente potente para sus necesidades, entonces por favor visite nuestro sitio **Solardyne.com** para más información.

Capítulo Tres: Potencia Solar usando Paneles Solares Fotovoltaicos (FV) para Suministro Remoto de Potencia

El Sol es una Fuente potente de energía e ideal para potenciar cargas eléctricas en sitios remotos en el campo. El Sol es una ponderosa Fuente de Energía, e ideal para potenciar cargas remotas.

Los módulos (paneles) solares eléctricos FV producen fuertes corrientes CD, y están bien ubicados en localidades extremas por su durabilidad probada, y por su fiabilidad en el campo, sobre décadas. Los paneles solares FV producen fuertes voltajes, aún a bajos niveles de luz, dando alguna posibilidad para cargar baterías aún en condiciones de clima nuboso. Los arreglos solares FV están configurados para dar rendimientos específicos sobre un amplio rango de condiciones climáticas.

Las Cargas Eléctricas Fuera de Red requieren un suministro de potencia. La "Energía" total requerida para potenciar una carga eléctrica se calcula conociendo la Demanda de Potencia, y las Horas Diarias que se opera el equipo. La Energía es igual a la Potencia por el Tiempo. Dimensione su Sistema de Potencia Solar FV para entregar suficiente Energía capaz de manejar su carga eléctrica día a día.

El Sistema de Potencia Solar para cargas Fuera de Red deben incluir un arreglo Solar FV de paneles, con una estructura de montaje para añadir o quitar paneles in situ. La electricidad CD desde los paneles Solares FV está conectada a un Controlador de carga.

El Controlador de Carga es el "cerebro" del Sistema, y realiza varias funciones para mantener su Sistema de potencia seguro y operando eficientemente. El Controlador de Carga ajusta la potencia que viene del panel Solar FV encontrando su Punto de Máxima Potencia. Los Controladores usan este Seguimiento del Punto de Máxima Potencia (MPPT een inglés) para hacer coincidir el esquema ideal desde los paneles FV para cargar el voltaje específico de las baterías.

El Controlador de Carga, también monitorea el voltaje de trabajo de la bacteria, y da protección para la bacteria por dos condiciones: Alto Voltaje, y Bajo Voltaje.

La condición de Alto Voltaje ocurre cuando sus baterías están comenzando a sobrecargarse. La sobrecarga es dañina para las baterías, y puede conducir a fallas. El controlador de carga sensa la condición y emplea la Desconexión por Alto Voltaje (HVD en inglés).

El HVD indica al controlador para abrir el circuito desde los paneles Solares FV para que no pase más carga a las baterías.

Por otra parte, si el Voltaje de Baterías es sensado por el controlador como muy bajo, entonces el controlador usa el Desconector de Bajo Voltaje (LVD en inglés) para desconectar el circuito que potencia la carga, y así no sale más energía desde la batería. La condición LVD es también dañina para las baterías y se usa para una protección posterior del circuito.

Las cargas eléctricas vitales, tales como sensores, cámaras, y esterilizadores UV de agua, por ejemplo, requieren la producción de potencia sobre demanda 24/7.

Para lograr esto se usa un banco de baterías para almacenar la energía proveniente de los paneles solares FV y suministrar potencia para su carga eléctrica. Los ejemplos de bancos de baterías, listados en los sistemas de muestra, están basados en la Energía total requerida por su carga para funcionar un número determinado de horas al día.

Con relación a los Suministros de Potencia, todos los voltajes funcionan "colina abajo". Si usted quiere potenciar una carga de 12 VCD desde un panel solar, usted necesita producir un poco más de 12 VCD en voltaje para conducir la carga ya sea desde un panel FV o desde una batería.

Para un panel Solar FV a 12 VDC para producir un mayor voltaje, el fabricante conectará 36 celdas solares individuales en serie dentro del módulo. Cableando las celdas solares individuales en serie "Adiciona" los voltajes, produciendo un voltaje nominal de 18 VCD.

Bajo carga, cuando usted conecte su carga eléctrica, el voltaje caerá en cuanto el panel solar conduzca el Sistema.

Los paneles solares FV más pequeños desde 60 a 135 Watt son usualmente de 12 VDC. Si usted quiere voltajes de sistema mayores, conecte esos paneles en serie. Dos en serie para 24 VCD. Cuatro en serie para 48 VCD. Los paneles solares FV mayores, desde 140 Watt a 280 Watts están cableados a 24 VDC cada uno. Conecte dos de 24 VCD en serie para obtener 48 VCD.

El voltaje CD del Sistema Solar FV debe coincidir con el Voltaje de Batería, y con el Voltaje de Entrada del Inversor que usted seleccione para Potenciar la Carga. Este es vuestro Sistema de Voltaje CD.

El Voltaje Solar FV coincidirá con el Voltaje de Batería, el cual al funcionar, coincide con el Voltaje de Entrada del Inversor CD.

Nota: Conectando los paneles solares FV en Serie se incrementa el Voltaje (la corriente se mantiene igual), conecte los paneles en Paralelo para incrementar la corriente (los voltajes se mantienen igual).

La energía producida por su panel Solar FV será la tasa de potencia multiplicada por su tasa de Hora de Sol Pico Diaria para su localidad.

Chequee su localidad con un Mapa de Potencia Solar, y note cuántas Horas - Sol Pico de radiación solar recibe vuestra localidad.

Montando sus Paneles Solares FV en el sitio. Opciones.

Los paneles Solares pueden montarse en una variedad de formas. Esas Opciones incluyen montaje en Poste, en el Terreno, sobre Cubierta, con Seguimiento Pasivo y con Seguimiento Activo.

En el Extremo del Poste.

Al Lado del Poste.
Montaje sobre terreno con estructura ajustable en forma de A.
Montaje Añadido a Cubierta.
Montaje en Cubierta tipo Balastro.
Seguimiento Pasivo.
Seguimiento Activo.

Los montajes fijos mantienen el panel solar FV a un específico ángulo de Inclinación que es ajustable. Para incrementar la salida de su arreglo solar FV usted puede ajustar estacionalmente ese ángulo de inclinación para maximizar la exposición solar. Todos los montajes Solares están hechos de cara al Sur cuando su localidad está ubicada en el Hemisferio Norte. (**Nota**: monte sus paneles mirando al Norte si su localidad está ubicada en el Hemisferio Sur

Los paneles FV para sistemas de potencia necesitan una estructura de montaje robusta y fiable. Los paneles Solares FV pueden estar montados sobre Poste, ya sea en su Extremo superior, como en la cabeza de un mástil, o montados a un Lado del Poste. Este último tipo tiene una estructura a lo largo del fondo y de la parte superior de los paneles solares FV.

El montaje en Poste es una gran opción porque mantiene sus paneles encima del terreno minimizando los efectos de éste tales como el incremento del polvo y suciedades. Además, el cableado de sus paneles, una vez colocados en la

Estructura de Montaje, es más fácil de hacer manualmente que arrastrándose debajo de ellos. (Las Cajas J de conexión están debajo de los paneles).

El montaje en Poste de sus paneles hace también más fácil la instalación. Los paneles solares más pequeños van montados en tubos de diámetro 1.5" (38.1 mm) Schedule #40. La preparación del sitio incluye cavar un hueco en el terreno y fijar el poste con concreto.

Los arreglos solares FV de mayores dimensiones, hasta 2,000 Watt, con montaje en el Extremo del Poste, usarán un tubo de diámetro 2.5" (63.5 mmm) Schedule #40, o con diámetros de 3.5" (88.9 mm), o de 4.5" (114.3 mmm) para arreglos aún mayores. Los ejemplos a continuación tendrán los diámetros específicos que necesitan.

También puede montar sus paneles Solares realizando un Montaje sobre terreno robusto y de bajo costo. El Montaje sobre Terreno consiste en una estructura de montaje tipo estante en forma de A que le permite Ajustar su Ángulo de Inclinación. El ángulo ideal para el montaje de sus paneles Solares FV se determina tomando el ángulo de la latitud del sitio de montaje y quitándole 15 grados. Si su localidad está a 45 grados de latitud, su ángulo de inclinación debe ser de 30 grados medidos a partir de la horizontal.

Nota: Si su sitio es una Localidad Tropical, o muy Nuboso, el mejor ángulo de inclinación es ninguno. Monte sus paneles llanos, en el plano horizontal. Así recibirá la mayor "Radiación Solar Global," que incluye los rayos directos y los indirectos.

Usted también puede montar su arreglo solar FV sobre su Cubierta, si su Cubierta está cerca del banco de baterías.

La producción de energía solar se incrementa si usted está siempre apuntando el panel solar FV hacia el Sol. El equipamiento de seguimiento solar realiza esta función, ya sea en un solo eje-de la mañana hasta la Noche- o en dos ejes (Altitud y Azimut), lo cual es más exacto.

Los seguidores están categorizados en dos tipos: pasivos, y activos, respectivamente. Los seguidores Pasivos, como las cajas Zomeworks tienen gran robustez, e incrementan la salida del panel FV en un 25% de incremento de energía.

Los seguidores tipo Pasivos usan el calentamiento no uniforme de gases internos para autoajustar el panel a lo largo del día, siguiendo al Sol. En la mañana estos seguidores se resetean con el sol saliente y repiten el ciclo.

Los sistemas de potencia Solar FV trabajan mejor bajo la luz directa del Sol. Siguiendo la trayectoria solar, el panel solar FV incrementa la producción de energía-producción de potencia por el tiempo.

Following the sun's path, solar PV panels increase energy production - power production over time.

Los seguidores Activos (energizados) que usan los modelos Wattsun incrementan la salida de energía de los paneles Solarles FV hasta un 35%. Usando servomotores y un sensor solar, potenciado por un sistema de arreglo solar FV separado, el seguidor Wattsun extrae la máxima salida de energía de su arreglo Solar FV.

Hay un incremento del costo por el equipamiento utilizado, pero el rendimiento del sistema se incrementa dramáticamente

Si su sitio está muy remoto, no use partes móviles, y utilice montaje de Extremo de Poste, que no requieren potencialmente mantenimiento. Si su sitio tiene fácil acceso, o tiene una pequeña huella, el Seguimiento activo es una gran opción para elevar el rendimiento

En los sistemas de muestra listados más abajo, usaremos dos paneles solares como ejemplo. Para los paneles Solares FV más pequeños tasados a 12 VCD cada uno, usaremos los paneles Dasol a 30, 60, 90, y 135 Watt de potencia, respectivamente. Para los paneles Solares FV más grandes utilizaremos el modelo REC con el más popular y ampliamente utilizado panel disponible de 250 Watt tasados a 24 VCD cada uno.

Las Baterías seleccionadas en las muestras de ejemplos de la Lista de Partes que aparece más abajo, son las del tipo Selladas, y libres de mantenimiento.

Las Baterías selladas de Gel están diseñadas para ser robustas y fiables. Estas Baterías pueden operar en cualquier orientación (no se recomienda de arriba a abajo), están fabricadas para una buena durabilidad y embarque. La seguridad, la protección por fugas y lo potentes que son, hace a las baterías de Gel de hoy día muy adecuadas y convenientes para trabajar con ellas en el campo.

Todos los Sistemas Solares FV de Carga de Baterías usarán el Controlador de carga con su dimensionado adecuado, el cual protegerá además el Banco de Baterías para su fiabilidad y operación libre de mantenimiento.

Se adiciona un inversor para convertir la capacidad de las baterías en electricidad CA monofásica para potenciar los sistemas de tratamiento UV de agua.

Consideraciones de Ubicación e Instalación para su Suministro de Potencia Solar FV

Los Sistemas de Potencia Solar se ubican preferiblemente a cierta distancia del sistema de potencia Banco de Baterías/Inversor. Idealmente, sus baterías y panel de potencia (controlador de carga/inversor, fusible y Desconectores de seguridad) debenir montados en locales interiores si la temperatura cae por debajo de 4 grados C. (40 grados F.)

El rango de temperaturas óptimo para el equipamiento de Almacenamiento de baterías está entre 9 grados C y 29 grados C. El sistema de potencia solar FV puede montarse hasta a 200 pies (aprox. 61 metros) desde donde el Banco de Baterías va a ser cargado.

Nota: Si sus Paneles Solares FV necesitan ubicarse a más de 200 pies (61 m) del banco de Baterías, y el sistema de potencia, usted puede incrementar el Voltaje de su arreglo solar FV para compensar las pérdidas de Voltaje a través de esa mayor longitud de cables. Traiga su electricidad Solar FV dentro mediante bel cableado a su Banco de Baterías donde su Controlador de carga, baterías e Inversor están ubicados.

Si su sitio es una localidad Muy Caliente incremente el voltaje de su Arreglo Solar adicionando otro panel, o hilera de paneles, en serie para incrementar el voltaje de la hilera FV.

Los sitios remotos son notorios por las dificultades logísticas. A menudo no hay potencia, que es el punto de este Book, para potenciar esterilizadores UV de agua con potencia Solar FV. Remote sites are notorious for logistical difficulties. Como tal, la electrónica sensible de su sistema de potencia solar requerirá protección

Las cajas de protección climática de las baterías están incluidas en los ejemplos que siguen, las cuales protegen a las baterías de las inclemencias del tiempo y de otras externalidades. Las cajas de baterías vienen aisladas o no. Si usted se encuentra en un clima más frío, úselas aisladas. Si está en un clima templado selecciónelas no aisladas. Si está en un clima cálido úselas aisladas.

Los paneles Solares FV estarán montados en Extremo de Poste (existen otras Opciones como Montaje sobre Terreno, sobre Cubierta o con Seguimiento), para montar el arreglo Solar FV a un Mástil. Éste se fija en el extremo de un tubo vertical de acero - de diámetro desde 1.5 a 4.5" (38.1 mm a 114.3 mm) Schedule #40 - empotrado en el terreno y fijado con concreto, para montar los paneles FV.

Los arreglos solares FV mayores pueden usar Montaje sobre Terreno como una plataforma estable y fiable ya que los pies de apoyo pueden asegurarse y fijarse, importante en localidades extremas.

Capítulo Cuatro: Sistemas de Potencia Solar FV de 30 a120 Watt

En este Capítulo observaremos los suministros de Potencia Solar FV necesarios para hacer funcionar dispositivos electrónicos tales como Cámaras, Iluminación LED, y otros dispositivos electrónicos de baja potencia. Haga coincidir la Demanda de Energía (kWh/día) de sus cargas con el valor de Producción de Energía (kWh/día) de alguno de los sistemas de Potencia Solar FV listados a continuación más abajo, para encontrar la mejor coincidencia. Para los datos del recurso solar de su localidad chequee las Horas de sol Pico en un Mapa Solar. Puede ser en el Mapa de horas de sol Pico del Laboratorio Nacional de Energías renovables en este Link.

Los siguientes sistemas de potencia Solar FV están configurados para Energía sobre demanda 24/7.

Ejemplo de Sistema A:

Tasa de Potencia: 30 Watt a 12 VDC. Producción de Energía para una Localidad con 5.5 Horas-Pico de Sol 120 Watt-hora / día. Producción de Energía Mensual: 3.64 kWh / Mes.

Lista de Partes:

Arreglo Solar:

Un (1) panel Solar FV tasado a 30 Watts y 12 VCD c/u. 30 Watt total del arreglo.
Ejemplo: Dasol DS-A18-30, Dimensiones de c/u: 27.2" x 13.8" x 1" (691 x 350.5 x 25.4 mm). Una (1) Estructura de Montaje tipo Extremo de Poste para un panel de 30 Watt (12 VDC).

Montaje sobre tubo de acero de diámetro 1.5" (38.1 mm) Schedule #40.

Batería / Controlador de Carga / Inversor:

Un (1) Controlador de Carga: Modelo SunGuard 4, tasado a 4 Amps @ 12 VCD. Una (1) Batería: Batería MK 12 VCD, sellada, libre de mantenimiento Modelo 8G22NF tasada a 40 Ah de capacidad.

Cableado y preparación del sitio específico. Salida CD del Sistema Solar FV: 12 VCD

Si su carga requiere CA, adicione uno de los siguientes inversores:

Samlex: PST-15S-12A rated at 150 Watts
Cobra: 300 Watts
Morningstar SureSine: 300 Watts
Samlex PST-30012 rated at 300 Watts
Magnum: MM612 rated at 600 Watts
Samlex: PST-600 rated at 600 Watts

Ejemplo de Sistema B:

Tasa de Potencia: 60 Watt a 12 VDC. Producción de Energía para una Localidad con 5.5 Horas-Pico de Sol 240 Watt-hora / día. Producción de Energía Mensual: 9.8 kWh / Mes.

Lista de Partes:

Arreglo Solar:

Un (1) panel Solar FV tasado a 60 Watts y 12 VCD c/u. 60 Watt total del arreglo.

Ejemplo: Dasol DS-A18-60, Dimensiones de c/u: 27.2" x 26.2" x 1.38" (691 x 665.5 x 35.05 mm). Una (1) Estructura de Montaje tipo Extremo de Poste para un panel de 60 Watt (12 VDC). Montaje sobre tubo de acero de diámetro 1.5" (38.1 mm) Schedule #40.

Batería / Controlador de Carga / Inversor:

Un (1) Controlador de Carga: Modelo SunSaver 10, tasado a 10 Amps @ 12 VCD. Una (1) Batería: Batería MK 12 VCD, sellada, libre de mantenimiento Modelo MK 8G22NF tasada a 50 Ah de capacidad. Una (1) Caja de Batería para montaje a un Lado del Poste. (montada bajo los paneles Solares).

Cableado y preparación del sitio específico. Salida CD del Sistema Solar FV: 12 VCD

Las Opciones de Inversores incluyen:

Samlex: PST-15S-12A rated at 150 Watts
Cobra: 300 Watts
Morningstar SureSine: 300 Watts
Samlex PST-30012 rated at 300 Watts
Magnum: MM612 rated at 600 Watts
Samlex: PST-600 rated at 600 Watts

Ejemplo de Sistema C:

Tasa de Potencia: 60 Watt a 24 VDC. Producción de Energía para una Localidad con 5 Horas-Pico de Sol 240 Watt-hora / día. Producción de Energía Mensual: 9.8 kWh / Mes.

Lista de Partes:

Arreglo Solar:

Dos (2) paneles Solares FV tasado a 30 Watts y 12 VCD c/u conectados en serie para 24 VCD. 60 Watt total del arreglo. Ejemplo: Dasol DS-A18-30, Dimensiones de c/u: 27.2" x 13.8" x 1" (691 x 350.5 x 25.4 mm). Una (1) Estructura de Montaje tipo Extremo de Poste para dos (2) paneles de 30 Watt (12 VDC). Montaje sobre tubo de acero de diámetro 1.5" (38.1 mm) Schedule #40.

Batería / Controlador de Carga / Inversor:

Un (1) Controlador de Carga: Modelo SunSaver 10, tasado para 24 VCD de carga hasta 10 Amps. Dos (2) Baterías Modelo MK 8G22NF tasadas a 12 VCD y 40 Ah de capacidad, selladas, libres de mantenimiento. Una (1) Caja de Batería para montaje a un Lado del Poste. (Montada bajo los paneles Solares).

Cableado y preparación del sitio específico. Salida CD del Sistema Solar FV: 24 VCD

Las Opciones de Inversores incluyen:

Samlex: PST-60024 rated at 600 Watts
Magnum: MM1524 rated at 1,500 Watts

Ejemplo de Sistema D:

Tasa de Potencia: 90 Watt a 12 VDC. Producción de Energía para una Localidad con 5.5 Horas-Pico de Sol 370 Watt-hora/día. Producción de Energía Mensual: 11.25 kWh / Mes.

Lista de Partes:

Arreglo Solar:

Un (1) panel Solar FV tasado a 90 Watts y 12 VCD. Ejemplo: Dasol DS-A18-90, Dimensiones de c/u: 39" x 28.2" x 1.38" (990.6 x 716.3 x 35.05 mm). Una (1) Estructura de Montaje tipo Extremo de Poste para un (1) panel de 90 Watt (12 VDC). Montaje sobre tubo de acero de diámetro 1.5" (38.1 mm) Schedule #40.

Batería / Controlador de Carga / Inversor:

Un (1) Controlador de Carga: Modelo Morning Star SunSaver 10, tasado para 12 VCD de carga hasta 10 Amps. UNA (1) Baterías Modelo MK 8G24DT tasada a 12 VCD y 73 Ah de capacidad, sellada, libre de

mantenimiento. Una (1) Caja de Batería para
montaje tipo Cofre sobre Suelo. Puede estar
ubicada hasta a 50 pies (15.2 m) del arreglo FV.

Cableado y preparación del sitio específico. Salida
CD del Sistema Solar FV: 12 VCD

Las Opciones de Inversores incluyen:

Samlex: PST-15S-12A rated at 150 Watts
Cobra: 300 Watts
Morningstar SureSine: 300 Watts
Samlex PST-30012 rated at 300 Watts
Magnum: MM612 rated at 600 Watts
Samlex: PST-600 rated at 600 Watts

Ejemplo de Sistema E:

Tasa de Potencia: 120 Watt a 12 VDC. Producción de
Energía para una Localidad con 5.5 Horas-Pico de
Sol 500 Watt-hora / día. Producción de Energía
Mensual: 15.2 kWh / Mes.

Arreglo Solar:

Dos (2) paneles Solares FV tasados a 60 Watts y 12
VCD, cableados totalmente en paralelo. Ejemplo:
Dasol DS-A18-60, Dimensiones de c/u: 27.2" x 26.2" x
1.38" (691 x 665.5 x 35.05 mm). Una (1) Estructura
de Montaje tipo Extremo de Poste para dos (2)

paneles de 60 Watt (12 VDC). Montaje sobre tubo de acero de diámetro 1.5" (38.1 mm) Schedule #40.

Batería / Controlador de Carga / Inversor:

Un (1) Controlador de Carga: Modelo Morning Star ProStar PS-15 MPPT, 10, tasado para 12 VCD de carga hasta 50 Amps. Una (1) Batería Modelo MK 8G34 tasada a 12 VCD y 60 Ah de capacidad, sellada, libre de mantenimiento. Una (1) Caja de Batería para montaje tipo a un Lado del Poste. Montada debajo de los paneles FV.

Cableado y preparación del sitio específico. Salida CD del Sistema Solar FV: 12 VCD

Las Opciones de Inversores incluyen:

Samlex: PST-15S-12A rated at 150 Watts
Cobra: 300 Watts
Morningstar SureSine: 300 Watts
Samlex PST-30012 rated at 300 Watts
Magnum: MM612 rated at 600 Watts
Samlex: PST-600 rated at 600 Watts

Ejemplo de Sistema F:

Tasa de Potencia: 120 Watt a 24 VDC. Producción de Energía para una Localidad con 5.5 Horas-Pico de

Sol 500 Watt-hora / día. Producción de Energía Mensual: 15.2 kWh / Mes.

Arreglo Solar:

Dos (2) paneles Solares FV tasados a 60 Watts y 12 VCD, cableados totalmente en serie para un total de 120 Watt. Ejemplo: Dasol DS-A18-60, Dimensiones de c/u: 27.2" x 26.2" x 1.38" (691 x 665.5 x 35.05 mm). Una (1) Estructura de Montaje tipo Extremo de Poste para dos (2) paneles de 60 Watt (12 VDC). Montaje sobre tubo de acero de diámetro 1.5" (38.1 mm) Schedule #40.

Batería / Controlador de Carga / Inversor:

Un (1) Controlador de Carga: Modelo Morning Star ProStar PS-15 MPPT, 10, tasado para 24 VCD de carga hasta 15 Amps. Una (1) Batería Modelo MK 8G34 tasada a 12 VCD y 60 Ah de capacidad, sellada, libre de mantenimiento. Una (1) Caja de Batería para montaje tipo a un Lado del Poste. Montada debajo de los paneles FV.

Cableado y preparación del sitio específico. Salida CD del Sistema Solar FV: 12 VCD

Las Opciones de Inversores incluyen:

Samlex: PST-60024 rated at 600 Watts
Magnum: MM1524 rated at 1,500 Watts

Capítulo Cinco – Sistemas Solares FV de 135 a 360 Watts

En este Capítulo observaremos los Sistemas de potencia solar FV para Medio Rango de potencia remota. Iluminación de Superficies, estaciones de comunicación, Trailers escolares, Cabinas remotas, pueden ser electrificadas con potencia solar FV.

Los Sistemas descritos más abajo usan baterías selladas, de ciclo profundo para mayor seguridad, capacidad de potencia y facilidad de uso. Los paneles solares FV van montados en estructuras de Extremo de Poste, aunque siempre puede sustituirlos por otras estructuras tales como de Cubierta, sobre suelo o con Seguimiento. Los

Voltajes de sistemas CD pueden ser 12 VCD ó 24 VCD. Todos los sistemas incluyen opción de Inversor.

Ejemplo de Sistema G:

Tasa de Potencia: 135 Watt a 24 VDC. Producción de Energía para una Localidad con 5.5 Horas-Pico de Sol 550 Watt-hora / día. Producción de Energía Mensual: 16 kWh / Mes.

Arreglo Solar:

Un (1) panel Solar FV tasado a 135 Watts y 12 VCD. Ejemplo de panel Solar FV: Dasol DS-A18-135. Dimensiones de c/u: 27.2" x 26.2" x 1.38" (691 x 665.5 x 35.05 mm). Una (1) Estructura de Montaje tipo Extremo de Poste para un (1) panel de 135 Watt (12 VDC). Montaje sobre tubo de acero de diámetro 1.5" (38.1 mm) Schedule #40.

Batería / Controlador de Carga / Inversor:

Un (1) Controlador de Carga: Modelo Morning Star ProStar, tasado para carga e batería a 12 VCD y hasta 15 Amp. Una (1) Batería modelo MK 8G34, sellada, libre de mantenimiento, tasada a 12 VCD y 60 Ah de capacidad. Una (1) Caja de baterías tipo Cofre en Suelo. Puede ubicarse hasta a 50 pies (15,24 m) del arreglo FV.

Las Opciones de Inversor incluyen:

Samlex: PST-15S-12A rated at 150 Watts
Cobra: 300 Watts
Morningstar SureSine: 300 Watts
Samlex PST-30012 rated at 300 Watts
Magnum: MM612 rated at 600 Watts
Samlex: PST-600 rated at 600 Watts

System Example H:

Tasa de Potencia: 180 Watt a 12 VDC c/u, conectados en paralelo para 12 VCD. Producción de Energía para una Localidad con 5.5 Horas-Pico de Sol 740 Watt-hora / día. Producción de Energía Mensual: 22 kWh / Mes.

Arreglo Solar:

Dos (2) paneles Solares FV tasados a 90 Watts y 12 VCD, cableados totalmente en paralelo a 12 VCD para un total de 180 Watt. Ejemplo: Dasol DS-A18-90, Dimensiones de c/u: 39" x 28.2" x 1.38" (990.6 x 716.3 x 35.05 mm). Una (1) Estructura de Montaje tipo Extremo de Poste para dos (2) paneles de 90 Watt (12 VDC). Montaje sobre tubo de acero de diámetro 1.5" (38.1 mm) Schedule #40, empotrado en hueco en el terreno, con cemento.

Batería / Controlador de Carga / Inversor:

Un (1) Controlador de Carga: Modelo Morning Star ProStar PS-15, tasado para carga de batería a 12 VCD y hasta 15 Amp. Dos (2) Baterías modelo MK 8G22NF, selladas, libres de mantenimiento, tasadas a 12 VCD y 50 Ah de capacidad c/u. Una (1) Caja de baterías tipo Cofre en Suelo. Puede ubicarse hasta a 50 pies (15,24 m) del arreglo FV.

Las Opciones de Inversor incluyen:

Samlex: PST-15S-12A rated at 150 Watts
Cobra: 300 Watts
Morningstar SureSine: 300 Watts
Samlex PST-30012 rated at 300 Watts
Magnum: MM612 rated at 600 Watts
Samlex: PST-600 rated at 600 Watts

System Example I:

Tasa de Potencia: 180 Watt a 24 VDC c/u, conectados en paralelo para 12 VCD. Producción de Energía para una Localidad con 5 Horas-Pico de Sol 740 Watt-hora / día. Producción de Energía Mensual: 22 kWh / Mes.

Arreglo Solar:

Dos (2) paneles Solares FV tasados a 90 Watts y 12 VCD, cableados totalmente en paralelo a 12 VCD para un total de 180 Watt. Ejemplo: Dasol DS-A18-90, Dimensiones de c/u: 39" x 28.2" x 1.38" (990.6 x 716.3 x 35.05 mm). Una (1) Estructura de Montaje tipo Extremo de Poste para dos (2) paneles de 90 Watt (12 VDC). Montaje sobre tubo de acero de diámetro 1.5" (38.1 mm) Schedule #40, empotrado en hueco en el terreno, con cemento.

Batería / Controlador de Carga / Inversor:

Un (1) Controlador de Carga: Modelo Morning Star ProStar PS-15, tasado para carga de batería a 12 VCD y hasta 15 Amp. Dos (2) Baterías modelo MK 8G34, selladas, libres de mantenimiento, tasadas a 12 VCD y 60 Ah de capacidad. Una (1) Caja de baterías tipo Cofre en Suelo. Puede ubicarse hasta a 50 pies (15,24 m) del arreglo FV.

Opciones de Inversor:

Samlex: PST-60024 rated at 600 Watts
Magnum: MM1524 rated at 1,500 Watts

Ejemplo de Sistema J:

Tasa de Potencia: 250 Watt a 24 VDC. Producción de Energía para una Localidad con 5.5 Horas-Pico de

Sol 1,000 Watt-hora / día. Producción de Energía
Mensual: 30 kWh / Mes.

Arreglo Solar:

Un (1) panel Solar FV tasado a 250 Watts y 24 VCD.
Ejemplo: REC Solar PV 250PE, Dimensiones de c/u:
65.5" x 39" x 1.5" (16633.7 x 990.6 x 38.1 mm). Una
(1) Estructura de Montaje tipo Extremo de Poste
para dos (2) paneles de 250 Watt. Montaje sobre
tubo de acero de diámetro 2.5" (63.5 mm) Schedule
#40, empotrado en hueco en el terreno, con
cemento.

Batería / Controlador de Carga / Inversor:

Un (1) Controlador de Carga: Modelo Morning Star
ProStar PS-15, tasado para carga de batería a 24 VCD
y hasta 15 Amp. Dos (2) Baterías modelo MK
8G24DT, selladas, libres de mantenimiento, tasadas
a 12 VCD y 73 Ah de capacidad c/u. Una (1) Caja de
baterías tipo Cofre en Suelo. Puede ubicarse hasta a
50 pies (15,24 m) del arreglo FV. Un (1) Inversor
ExcelTech Xp/24 125 Watt CA Monofásico para 24
VCD.

Las Opciones de Inversor incluyen:

Samlex: PST-60024 rated at 600 Watts
Magnum: MM1524 rated at 1,500 Watts

Ejemplo de Sistema K:

Tasa de Potencia: 270 Watt a 12 VDC. Producción de Energía para una Localidad con 5.5 Horas-Pico de Sol 1,100 Watt-hora / día. Producción de Energía Mensual: 33 kWh / Mes.

Arreglo Solar:

Dos (2) paneles Solares FV tasados a 135 Watt y 12 VCD c/u, conectados totalmente en paralelo a 12 VCD para un total de 270 Watt. Ejemplo: Dasol DS-A18-135, Dimensiones de c/u: 27.2" x 26.2" x 1.38" (691 x 665.5 x 35.05 mm). Una (1) Estructura de Montaje tipo Extremo de Poste para dos (2) paneles de 135 Watt (12 VDC). Montaje sobre tubo de acero de diámetro 1.5" (38.1 mm) Schedule #40, empotrado en hueco en el terreno, con cemento.

One (1) Morning Star ProStar PS-15, Charge-controller rated for 12 VDC battery charging up to 15 amps. One (1) Sealed, Maintenance-Free Battery MK 8G34 rated at 12 VDC @ 60 Amp-hours each. One (1) Chest Style Ground Battery Box (can be located up to 50 feet away from PV).

Batería / Controlador de Carga / Inversor:

Un (1) Controlador de Carga: Modelo Morning Star ProStar PS-15, tasado para carga de batería a 12 VCD y hasta 15 Amp. Una (1) Batería modelo MK 8G34 , sellada, libre de mantenimiento, tasada a 12

VCD y 60 Ah de capacidad. Una (1) Caja de baterías
tipo Cofre en Suelo. Puede ubicarse hasta a 50 pies
(15,24 m) del arreglo FV.

Las Opciones de Inversor incluyen:

Samlex: PST-15S-12A rated at 150 Watts
Morningstar SureSine: 300 Watts
Samlex: PST-30012 rated at 300 Watts
Magnum: MM612 rated at 600 Watts
Samlex: PST-600 rated at 600 Watts
Magnum: MM1512 rated at 1,500 Watts

Ejemplo de Sistema L:

Tasa de Potencia: 270 Watt a 24 VDC y 12 VCD c/u,
conectados en serie para 24 VCD. Total del arreglo
2270 Watt. Producción de Energía para una
Localidad con 5.5 Horas-Pico de Sol 1,100 Watt-
hora / día. Producción de Energía Mensual: 33
kWh / Mes.

Arreglo Solar:

Dos (2) paneles Solares FV tasados a 135 Watt y 12
VCD c/u, conectados en serie a 12 VCD para un total
de 270 Watt. Ejemplo: Dasol DS-A18-135,
Dimensiones de c/u: 27.2" x 26.2" x 1.38" (691 x 665.5
x 35.05 mm). Una (1) Estructura de Montaje tipo
Extremo de Poste para dos (2) paneles de 90 Watt

(12 VDC). Montaje sobre tubo de acero de diámetro 1.5" (38.1 mm) Schedule #40, empotrado en hueco en el terreno, con cemento.

Batería/Controlador de Carga/Inversor:

Un (1) Controlador de Carga: Modelo Morning Star ProStar PS-15, tasado para carga de batería a 24 VCD y hasta 15 Amp. Dos (2) Baterías modelo MK 8G34, selladas, libres de mantenimiento, tasadas a 12 VCD y 60 Ah de capacidad. Una (1) Caja de baterías tipo Cofre en Suelo. Puede ubicarse hasta a 50 pies (15,24 m) del arreglo FV.

Las Opciones de Inversor incluyen:

Samlex: PST-60024 rated at 600 Watts
Magnum: MM1524 rated at 1,500 Watts
Magnum: RD1824 rated at 1,800 Watts
Magnum: RD2824 rated at 2,800 Watts

Ejemplo de Sistema M:

Tasa de Potencia: 360 Watt a 12 VDC c/u, conectados en paralelo para 12 VCD. Producción de Energía para una Localidad con 5.5 Horas-Pico de Sol 1,485 Watt-hora / día. Producción de Energía Mensual: 45 kWh / Mes.

Arreglo Solar:

Cuatro (4) paneles Solares FV tasados a 90 Watt y 12 VCD, conectados totalmente en paralelo a 12 VCD para un total de 360 Watt. Ejemplo: Dasol DS-A18-90, Dimensiones de c/u: 39" x 28.2" x 1.38" (990.6 x 716.3 x 35.05 mm). Una (1) Estructura de Montaje tipo Extremo de Poste para dos (2) paneles de 90 Watt (12 VDC). Montaje sobre tubo de acero de diámetro 2.5" (63.5 mm) Schedule #40, empotrado en hueco en el terreno, con cemento.

Batería/Controlador de Carga/Inversor:

Un (1) Controlador de Carga: Modelo Morning Star TriStar TS-30, tasado para carga de batería a 12 VCD. Una (1) Batería modelo MK 8G24DT, sellada, libre de mantenimiento, tasada a 12 VCD y 73 Ah de capacidad. Una (1) Caja de baterías tipo Cofre en Suelo. Puede ubicarse hasta a 50 pies (15,24 m) del arreglo FV.

Las Opciones de Inversor incluyen:

Samlex: PST-15S-12A rated at 150 Watts
Cobra: 300 Watt AC inverter
Morningstar SureSine: 300 Watts
Samlex PST-30012 rated at 300 Watts
Magnum: MM612 rated at 600 Watts
Samlex: PST-600 rated at 600 Watts
Samlex: PST-1000-12 rated at 1,000 Watts
Samlex: PST-1500-12 rated at 1,500 Watts

Ejemplo de Sistema N:

Tasa de Potencia: 360 Watt a 24 VDC. Producción de Energía para una Localidad con 5.5 Horas-Pico de Sol 1,485 Watt-hora / día. Producción de Energía Mensual: 45 kWh / Mes.

Arreglo Solar:

Cuatro (4) paneles Solares FV tasados a 90 Watts y 12 VCD c/u, conectados a dos hileras de dos paneles en paralelo, y la conexión de las hileras en serie para 24 VCD. Ejemplo: Dasol DS-A18-90, Dimensiones de c/u: 39" x 28.2" x 1.38" (990.6 x 716.3 x 35.05 mm). Una (1) Estructura de Montaje tipo Extremo de Poste para dos (2) paneles de 90 Watt (12 VDC). Montaje sobre tubo de acero de diámetro 2.5" (63.5 mm) Schedule #40, empotrado en hueco en el terreno, con cemento.

Batería/Controlador de Carga/Inversor:

Un (1) Controlador de Carga: Modelo Morning Star TS-MTTP-45, tasado para carga de batería a 24 VCD. Dos (2) Baterías mo delo MK 8G34, selladas, libres de mantenimiento, tasadas a 12 VCD y 60 Ah de capacidad. Una (1) Caja de baterías tipo Cofre en Suelo. Puede ubicarse hasta a 50 pies (15,24 m) del arreglo FV.

Las Opciones de Inversor incluyen:

Samlex: PST-60024 rated at 600 Watts
Magnum: MM1524 rated at 1,500 Watts
Magnum: RD1824 rated at 1,800 Watts
Magnum: RD2824 rated at 2,800 Watts

Capítulo Seis – Sistemas de Potencia Solar FV desde 500 hasta 1,500 Watts

Por cuanto estos Sistemas de Potencia Solar FV son mayores, usted debe ver el incremento de los Voltajes para el Sistema de Voltajes CD. Cuando la corriente eléctrica pasa a través e los cables, la Resistencia de dicho cable es proporcional al Cuadrado de la Corriente. Si se incrementa la corriente al doble, la Resistencia lo hará en 4 veces.

Para minimizar las pérdidas de "Corriente", en un cable, seleccionamos mayores Voltajes. La Potencia es igual al producto del Voltaje por el Amperaje (P=VA). Para una potencia dada, digamos de 1,000 Watt, usted puede tener que a 10 Amps son 100 Voltios (10x100=1,000).

O sea que usted puede tener también 1,000 Watt a 100 Amps con 10 Volts (100x10=1,000). En ambos casos son 1,000 Watt. Sin embargo, en el primer caso tenemos una corriente de 10 Amp. El segundo caso contempla una corriente de 100 Amp. Si la Resistencia en un cable se incrementa con el Cuadrado del Amperaje, entonces desearemos "minimizar" el Amperaje, pero aún teniendo potencia. Para lograr esto, convertimos Mayor y Mayor Voltaje, en la medida en que la Potencia se incrementa.

Los siguientes Sistemas son para cargas grandes, tales como bombeo de agua contra demanda, Sistemas de Iluminación LED para Luces de Emergencia, o Iluminación de Grandes superficies, Cabinas Remotas o Estaciones de Comunicación.

Ejemplo de Sistema O:

Tasa de Potencia: 500 Watt a 12 VDC. Producción de Energía para una Localidad con 5.5 Horas-Pico de Sol 2,000 Watt-hora / día. Producción de Energía Mensual: 60 kWh / Mes.

Arreglo Solar:

Seis (6) paneles Solares FV tasados a 90 Watts y 12 VCD, cableados totalmente en paralelo a 12 VCD para un total de 540 Watt. Ejemplo: Dasol DS-A18-90, Dimensiones de c/u: 39" x 28.2" x 1.38" (990.6 x 716.3 x 35.05 mm). Una (1) Estructura de Montaje tipo Extremo de Poste para dos (2) paneles de 90 Watt (12 VDC). Montaje sobre tubo de acero de diámetro 2.5" (63.5 mm) Schedule #40, empotrado en hueco en el terreno, con cemento.

Batería/Controlador de Carga/Inversor:

Un (1) Controlador de Carga: Modelo Morning Star PS-45, tasado para carga de batería a 12 VCD. Dos (2) Baterías modelo MK 8G24DT, selladas, libres de mantenimiento, tasadas a 12 VCD y 60 Ah de capacidad.

Una (1) Caja de baterías tipo Cofre en Suelo. Puede ubicarse hasta a 50 pies (15,24 m) del arreglo FV.

Las Opciones de Inversor incluyen:

Samlex: PST-15S-12A rated at 150 Watts
Cobra: 300 Watt AC inverter
Morningstar SureSine: 300 Watts
Samlex PST-30012 rated at 300 Watts
Magnum: MM612 rated at 600 Watts
Samlex: PST-600 rated at 600 Watts

Ejemplo de Sistema P:

Tasa de Potencia: 500 Watt a 24 VDC. Producción de Energía para una Localidad con 5.5 Horas-Pico de Sol 2,000 Watt-hora / día. Producción de Energía Mensual: 60 kWh / Mes.

Arreglo Solar:

Dos (2) paneles Solares FV tasados a 250 Watts a 24 VCD, conectados totalmente en paralelo, para un total de 500 Watt. Ejemplo: REC Solar PV 250PE, Dimensiones de c/u: 65.5 x 39" x 1.5" (1,663.7 x 990.6 x 38.1 mm). Una (1) Estructura de Montaje tipo Extremo de Poste para dos (2) paneles de 250 Watt. Montaje sobre tubo de acero de diámetro 2.5" (63.5 mm) Schedule #40, empotrado en hueco en el terreno, con cemento.

Batería/Controlador de Carga/Inversor:

Un (1) Controlador de Carga: Modelo Morning Star TS-MTTP-60, tasado para carga de batería a 24 VCD. Dos (2) Baterías modelo MK 8G24DT, selladas, libres de mantenimiento, tasadas a 12 VCD y 73 Ah de capacidad. Una (1) Caja de baterías tipo Cofre en Suelo. Puede ubicarse hasta a 50 pies (15,24 m) del arreglo FV.

Opciones de Inversor:

Samlex: PST-60024 rated at 600 Watts
Magnum: MM1524 rated at 1,500 Watts
Magnum: RD1824 rated at 1,800 Watts
Magnum: RD2824 rated at 2,800 Watts

Ejemplo de Sistema Q:

Two (2) Solar PV panel rated at 250 watts at 24 VDC each, wired in series for 48 VDC, 500 Watt total array. Example: REC Solar PV 250PE, Size each: 65.5" x 39" x 1.5" One (1) Top-of-Pole Mounting Hardware for two 250 watt panels. Mounts on 2.5" Schedule #40 pipe, augured into the ground with cement foundation.

Tasa de Potencia: 500 Watt a 48 VDC. Producción de Energía para una Localidad con 5.5 Horas-Pico de Sol 2,000 Watt-hora / día. Producción de Energía Mensual: 60 kWh / Mes.

Arreglo Solar:

Dos (2) paneles Solares FV tasados a 250 Watts a 24 VCD c/u, conectados totalmente en serie para 48 VCD para un total de 500 Watt del arreglo. Ejemplo: REC Solar PV 250PE, Dimensiones de c/u: 65.5" x 39" x 1.5" (1,663.7 x 990.6 x 38.1 mm). Una (1) Estructura de Montaje tipo Extremo de Poste para dos (2) paneles de 250 Watt. Montaje sobre tubo de acero de diámetro 2.5" (63.5 mm) Schedule #40, empotrado en hueco en el terreno, con cemento.

Batería/Controlador de Carga/Inversor:

Un (1) Controlador de Carga: Modelo Morning Star TS-45, tasado para carga de batería a 48 VCD. Dos (2) Baterías modelo MK 8G34, selladas, libres de mantenimiento, tasadas a 12 VCD y 60 Ah de capacidad, c/u conectada para 48 VCD. Una (1) Caja de baterías tipo Cofre en Suelo. Puede ubicarse hasta a 50 pies (15,24 m) del arreglo FV.

Opciones de Inversor:

OutBack GVFX3648 rated at 3,600 Watts

Ejemplo de Sistema R:

Tasa de Potencia: 1,000 Watt a 24 VDC. Producción de Energía para una Localidad con 5.5 Horas-Pico de Sol 4.1 kWh / día. Producción de Energía Mensual: 125 kWh / Mes.

Arreglo Solar:

Cuatro (4) paneles Solares FV tasados a 250 Watts a 24 VCD, conectados totalmente en paralelo para un total de 1,000 Watt del arreglo. Ejemplo: REC Solar PV 250PE, Dimensiones de c/u: 65.5" x 39" x 1.5" (1,663.7 x 990.6 x 38.1 mm).

Una (1) Estructura de Montaje tipo Extremo de Poste para cuatro (4) paneles de 250 Watt (12 VDC). Montaje sobre tubo de acero de diámetro 3.5" (88.9 mm) Schedule #40, empotrado en hueco en el terreno, con cemento.

Batería/Controlador de Carga/Inversor:

Un (1) Controlador de Carga: Modelo Morning Star TS-MTTP-60, tasado para carga de batería a 24 VCD. Dos (2) Baterías modelo MK 8G24DT, selladas, libres de mantenimiento, tasadas a 12 VCD y 73 Ah de capacidad. Una (1) Caja de baterías tipo Cofre en Suelo. Puede ubicarse hasta a 50 pies (15,24 m) del arreglo FV. Un Inversor ExcelTech XP/24 125 Watt CA Monofásico para 24 VCD.

Opciones de Inversor:

Samlex: PST-60024 rated at 600 Watts
Magnum: MM1524 rated at 1,500 Watts
Magnum: RD1824 rated at 1,800 Watts
Magnum: RD2824 rated at 2,800 Watts

Ejemplo de Sistema S:

Tasa de Potencia: 1,000 Watt a 48 VDC. Producción de Energía para una Localidad con 5.5 Horas-Pico de Sol 4.1 kWh / día. Producción de Energía Mensual: 125 kWh / Mes.

Arreglo Solar:

Cuatro (4) paneles Solares FV tasados a 250 Watts y 24 VCD, conectados a dos subhileras, conectadas internamente en serie para 48 VCD, y un total de 1,000 Watt del arreglo. Ejemplo: REC Solar PV

250PE, Dimensiones de c/u: 65.5" x 39" x 1.5" (1,663.5 x 990.6 x 38.1 mm).

Una (1) Estructura de Montaje tipo Extremo de Poste para cuatro (4) paneles de 250 Watt. Montaje sobre tubo de acero de diámetro 3.5" (88.9 mm) Schedule #40, empotrado en hueco en el terreno, con cemento.

Batería/Controlador de Carga/Inversor:

Un (1) Controlador de Carga: Modelo Morning Star TS-MTTP-60, tasado para carga de batería a 24 VCD. Cuatro (4) Baterías modelo MK 8G24DT, selladas, libres de mantenimiento, tasadas a 12 VCD y 73 Ah de capacidad c/u.

Una (1) Caja de baterías tipo Cofre en Suelo. Puede ubicarse hasta a 50 pies (15,24 m) del arreglo FV.

Inversor:

OutBack GVFX3648 rated at 3,600 Watts

Ejemplo de Sistema T:

Tasa de Potencia: 1,500 Watt a 24 VDC. Producción de Energía para una Localidad con 5.5 Horas-Pico de Sol 6,100 Watt-hora / día. Producción de Energía Mensual: 185 kWh / Mes.

Arreglo Solar:

Seis (6) paneles Solares FV tasados a 250 Watts y 24 VCD c/u, para un total de 1,500 Watt del arreglo. Ejemplo: REC Solar PV 250PE, Dimensiones de c/u: 65.5" x 39" x 1.5" (1,663.7 x 990.6 x 38.1 mm). Una (1) Estructura de Montaje tipo Extremo de Poste para seis (6) paneles de 250 Watt. Montaje sobre tubo de acero de diámetro 4.5" (1114.3 mm) Schedule #40, empotrado en hueco en el terreno, con cemento.

Batería/Controlador de Carga/Inversor:

Un (1) Controlador de Carga: Modelo Morning Star TS-MTTP-60, tasado para carga de batería a 24 VCD. Cuatro (4) Baterías modelo MK 8G24DT, selladas, libres de mantenimiento, tasadas a 12 VCD y 73 Ah de capacidad. Una (1) Caja de baterías tipo Cofre en Suelo. Puede ubicarse hasta a 50 pies (15,24 m) del arreglo FV.

Opciones de Inversor:

Samlex: PST-60024 rated at 600 Watts
Magnum: MM1524 rated at 1,500 Watts
Magnum: RD1824 rated at 1,800 Watts
Magnum: RD2824 rated at 2,800 Watts
Magnum: RD3924 rated at 3,900 Watts

Capítulo Siete – Sistemas de Potencia Solar FV desde 2,000 hasta 4,000 Watts

En este Capítulo observaremos Sistemas de potencia Más Grandes. Por consiguiente debe poner aún mayor atención en su Aterramiento, Fusiblería, y Desconectores de Seguridad. Los Paneles de Potencia incluyen todos los componentes acondicionadores de potencia ya precableados, con fusibles y ensamblados.

Los sistemas de potencia Solar FV Grandes son para Viviendas Remotas y para Negocios. Estos ejemplos de sistemas usan bancos de baterías de ciclo profundo para una entrega de energía Robusta y poderosa. Selecciones salidas CA para producción de potencia Monofásicas, de dos fases y Trifásica.

Los arreglos Solares FV, en estos sistemas grandes, especificarán Montajes sobre Terreno, pero sin embargo los de Poste son fáciles de hacer, y aportan buena vista. Como siempre, usted puede seleccionar el equipamiento de Montaje y de Estructura en dependencia de la situación específica y de vuestra preferencia.

Grandes Sistemas de Potencia Solar FV:

Ejemplo de Sistema U:

Tasa de Potencia: 2,000 Watt a 24 VDC. Producción de Energía para una Localidad con 5.5 Horas-Pico de Sol 8.2kWh / día. Producción de Energía Mensual: 250 kWh / Mes.

Arreglo Solar:

Ocho (8) paneles Solares FV tasados a 250 Watts y 24 VCD c/u, conectados en paralelo para un total de 2,000 Watt del arreglo. Ejemplo: REC Solar PV 250PE, Dimensiones de c/u: 65.5" x 39" x 1.5" (1,663.7 x 990.6 x 38.1 mm). Una (1) Estructura de Montaje tipo Extremo de Poste para ocho (8) paneles de 250 Watt. Montaje sobre tubo de acero de diámetro 5.5" (139.7 mm) Schedule #40, empotrado en hueco en el terreno, con cemento.

Batería/Controlador de Carga/Inversor:

Un (1) Panel de Potencia AEE OBJX5-GTFX3048 que incluye Todos los fusibles, Desconectores, inversor, y controlador de carga hasta 80 Amp. Cuatro (4) Baterías modelo MK 8G24DT, selladas, libres de mantenimiento, tasadas a 12 VCD y 73 Ah de capacidad c/u. Una (1) Caja de baterías tipo Cofre en Suelo. Puede ubicarse hasta a 50 pies (15,24 m) del arreglo FV. Un Desconector de seguridad en escuadra D.

Salida de Inversor para Panel de Potencia AEE: 2,500 Watt CA Monofásica 60 Hz.

Ejemplo de Sistema V:

Tasa de Potencia: 2,000 Watt a 48 VDC. Producción de Energía para una Localidad con 5.5 Horas-Pico de Sol 8.2 kWh / día. Producción de Energía Mensual: 250 kWh / Mes.

Arreglo Solar:

Ocho (8) paneles Solares FV tasados a 250 Watts y 24 VCD c/u, conectados 4 paneles en subhilera en paralelo, los dos internos en serie para 48 VCD, para un total de 2,000 Watt del arreglo. Ejemplo: REC Solar PV 250PE, Dimensiones de c/u: 65.5" x 39" x 1.5" (1,663.7 x 990.6 x 38.1 mm). Una (1) Estructura de Montaje tipo Extremo de Poste para ocho (8) paneles de 250 Watt. Montaje sobre tubo de acero de diámetro 2.5" (63.5 mm) Schedule #40, empotrado en hueco en el terreno, con cemento.

Batería/Controlador de Carga/Inversor:

Un (1) Panel de Potencia AEE OBJX5-GTFX3048 que incluye Todos los fusibles, Desconectores, inversor, y controlador de carga hasta 80 Amp. Cuatro (4) Baterías modelo MK 8G24DT, selladas, libres de mantenimiento, tasadas a 12 VCD y 73 Ah de capacidad c/u. Una (1) Caja de baterías tipo Cofre en Suelo. Puede ubicarse hasta a 50 pies (15,24 m) del arreglo FV. Un Desconector de seguridad en escuadra D

Salida del Inversor: 3,000 Watt CA Monofásica 60 Hz.

Ejemplo de Sistema W:

Tasa de Potencia: 3,000 Watt a 48 VDC. Producción de Energía para una Localidad con 5.5 Horas-Pico de Sol 12 kWh / día. Producción de Energía Mensual: 360 kWh / Mes.

Arreglo Solar:

Doce (12) paneles Solares FV tasados a 250 Watts y 24 VCD c/u, para un total de 3,000 Watt del arreglo. Ejemplo: REC Solar PV 250PE, Dimensiones de c/u: 65.5" x 39" x 1.5" (1,663.7 x 990.6 x 38.1 mm). Una (1) Estructura de Montaje tipo Extremo de Poste para ocho (8) paneles de 250 Watt. Montaje sobre tubo de acero de diámetro 6.5" (165.1 mm) Schedule #40, empotrado en hueco en el terreno, con cemento.

Batería/Controlador de Carga/Inversor:

Un (1) Panel de Potencia AEE OBJX5-GTFX3048 que incluye Todos los fusibles, Desconectores, inversor, y controlador de carga hasta 80 Amp. Dos (2) Baterías modelo MK 8G24DT, selladas, libres de mantenimiento, tasadas a 12 VCD y 73 Ah de capacidad c/u. Una (1) Caja de baterías tipo Cofre en Suelo. Puede ubicarse hasta a 50 pies (15,24 m) del arreglo FV. Un Inversor ExeelTech XP/24 125 Watt CA Monofásico.

Salida del Inversor: 3,000 Watt CA pico a 6 kW CA 120 VCA Monofásico.

Ejemplo de Sistema X:

Tasa de Potencia: 4,000 Watt a 48 VDC. Producción de Energía para una Localidad con 5.5 Horas-Pico de Sol 16.5 kWh / día. Producción de Energía Mensual: 500 kWh / Mes.

Arreglo Solar:

Dieciséis (16) paneles Solares FV tasados a 250 Watts y 24 VCD c/u, conectados 2 subhileras en serie para v48VCD. Cada subhilera es de 8 paneles en paralelo, para un total del arreglo de 4,000 Watt. Ejemplo:

REC Solar PV 250PE, Dimensiones de c/u: 65.5" x 39" x 1.5" (1,663.7 x 990.6 x 38.1 mm). Dos (2) Estructuras de Montaje tipo Extremo de Poste para ocho (8) paneles de 250 Watt en c/u. Montaje sobre dos (2) tubos de acero de diámetro 5.5" (139.7 mm) Schedule #40, empotrado en hueco en el terreno, con cemento.

Eight (8) Sealed, Maintenance-Free Battery MK 8G24DT rated at 12 VDC @ 73 Amp-hours each. Two (2) Chest Style Ground Mounted Battery Box (can be located up to 50 feet away from PV).

Batería/Controlador de Carga/Inversor:

Un (1) Panel de Potencia AEE OBJX5-GTFX3648 que incluye Todos los fusibles, Desconectores, inversor, y controlador de carga hasta 80 Amp, preconectado y testeado. Ocho (8) Baterías modelo MK 8G24DT, selladas, libres de mantenimiento, tasadas a 12 VCD y 73 Ah de capacidad c/u. Dos (2) Cajas de baterías tipo Cofre en Suelo. Puede ubicarse hasta a 50 pies (15,24 m) del arreglo FV.

Salida del Inversor: 3,600 Watt CA, pico hasta 7.2 kW, Monofásica, 120 VCA 60 Hz.

Capítulo Ocho: Guía Rápida para Sistemas de Potencia Solar FV según Tasas de Potencia y Energía.

La Lista que aparece a continuación, contiene los tipos de Sistemas de potencia para suministrar potencia y energía sobre demanda, para sitios remotos.

Los Sistemas de Energía con Potencian solar FV están diseñados para energizar desde aparaturas electrónicas hasta motocompresores y sistemas de potencia doméstica. Haga coincidir la Demanda de Energía de su localidad o de su proyecto, con la Producción de Energía de algunos de los sistemas siguientes:

Los Sistemas están tasados por Potencia en Watt Sistema de voltaje CD, y Producción de Energía por

Día (basado en una localidad con 5.5 Horas Sol Pico).

Sistema A - 30 Watts, 12 VCD, 120 Watt-hora /día

Sistema B - 60 Watts, 12 VCD, 240 Watt-hora /día

Sistema C - 60 Watts, 24 VCD, 240 Watt-hora /día

Sistema D - 90 Watts, 12 VCD, 370 Watt-hora/día

Sistema E - 120 Watts, 12 VCD, 500 Watt-hora/día

Sistema F - 120 Watts, 24 VCD, 500 Watt-hora/día

Sistema G - 135 Watts, 12 VCD, 550 Watt-hora/día

Sistema H - 180 Watts, 12 VCD, 740 Watt-hora/día

Sistema I - 180 Watts, 24 VCD, 740 Watt-hora/día

Sistema J - 250 Watts, 24 VCD, 1 kWh/día

Sistema K - 270 Watts, 12 VCD, 1.1 kWh/día

Sistema L - 270 Watts, 24 VCD, 1.1 kWh/día

Sistema M - 360 Watts, 12 VCD, 1.48 kWh/día

Sistema N - 360 Watts, 24 VCD, 1.48 kWh/día

Sistema O - 500 Watts, 12 VCD, 2 kWh/día

Sistema P - 500 Watts, 24 VCD, 2 kWh/día

Sistema Q - 500 Watts, 48 VCD, 2 kWh/día

Sistema R - 1,000 Watts, 24 VCD, 4.1 kWh/día

Sistema S - 1,000 Watts, 48 VCD, 4.1 kWh/día

Sistema T - 1,500 Watts, 24 VCD, 6.1 kWh/día

Sistema U - 2,000 Watts, 24 VCD, 8.2 kWh/día

Sistema V - 2,000 Watts, 48 VCD, 8.2 kWh/día

Sistema W - 3,000 Watts, 48 VCD, 12 kWh/día

Sistema X - 4,000 Watts, 48 VCD, 16.5 kWh/día

Teclee los vínculos de los Sistemas anteriores según los Sistemas de Potencia Solar FV Específicos. Para las Horas Sol Pico de su localidad chequee el Mapa de Recurso Solar tecleando en NREL Solar Maps.

Espero que usted haya disfrutado con este Book, y le haya resultado útil en la planificación de su proyecto específico de potencia solar FV. Para informtación adicional sobre grandes Sistemas dde Potencia Solar FV visite **Solardyne.com** en la web.

Disfrute sus Sistemas de Potencia Solar FV!!

www.ingramcontent.com/pod-product-compliance
Lightning Source LLC
Chambersburg PA
CBHW072028190526
45166CB00015B/1047